三字 低碳 （干部读本）

周永章 著

人之初，本低碳。
宜适量，食有度。
何须大，贵适中，
金领贵，绿领潮。
亿万人，同低碳。

U0243636

广东省出版集团
广东经济出版社
·广州·

图书在版编目（ＣＩＰ）数据

低碳三字经 / 周永章著. —广州：广东经济出版社，2014.1
（2014.11 重印）

ISBN 978-7-5454-3020-2

Ⅰ. ①低… Ⅱ. ①周… Ⅲ. ①节能 – 普及读物 Ⅳ. ①TK01
–49

中国版本图书馆CIP数据核字（2013）第278595号

出版 发行	广东经济出版社（广州市环市东路水荫路 11 号 11 ~ 12 楼）
经销	全国新华书店
印刷	广东新华印刷有限公司
	（广东省佛山市南海区盐步河东中心路）
开本	787 毫米 × 1092 毫米　1/16
印张	8.75
字数	725 00 字
版次	2014 年 1 月第 1 版
印次	2014 年 11 月第 2 次
印数	6 001 ~ 8 000 册
书号	ISBN 978 – 7 – 5454 – 3020 – 2
定价	20.00 元

气候变化关系中华民族和全人类的命运。应对气候变化，解决能源安全，提高国际竞争力，这是国际国内高度重视低碳发展的三个主要原因。胡锦涛主席在国内外重要讲话中多次强调，"要采取强有力的措施，积极发展低碳经济和循环经济"。"十二五"规划明确规定，"面对日趋强化的资源环境约束，必须增强危机意识，树立绿色、低碳发展理念，以节能减排为重点，健全激励与约束机制，加快构建资源节约环境友好的生产方式和消费模式，增强可持续发展能力，提高生态文明水平"。

为使低碳理念深入人心，在广东省委宣传部和广州市科协的大力支持下，中山大学周永章教授领衔编写了《低碳三字经》，旨在用群众喜闻乐见的三字经形式，宣传低碳理念，指导低碳生活。这是一项颇具挑战性的任务。以三字一句写经文，实非易事，既要表达最新理念，又要文句古朴典雅。不然，就成为顺口溜或快板书了!名曰《三字经》，就限定了必须在三字一句中，力争内容与文字均达到经典的水准。这犹如走钢丝，确实需要高度的技巧。

我非常高兴地看到，作者们在创作《低碳三字经》过程中，反复推敲，努力做到科学思想与人文精神的融合，既有学术专业的高度，亦重文句修辞的达雅，力求结合中华传统文化的重塑，充分反映低碳文化与低碳价值观，尽量包括个体和公众生活的主要方面，贴近实际、贴近生活，以唤起每个人对低碳生活的热情。作者在表达新思想新理念的同时，能够保持传统韵文的文化品位与艺术水准，这是《低碳三字经》的重要特色。它开篇的四句"人之初，本低碳。法自然，至易简"。开宗明义，容易得到读者的击节赞赏和传诵，确属妙手佳句。

冀望《低碳三字经》的出版，能得到不同阶层读者的关注与欢迎，并在传播的过程中，日臻完美，以有力促进低碳文明普及，提高民众的科学与人文素养，共创人类幸福的未来。

张坤民

中国可持续发展研究会名誉理事长兼低碳研究学组主任
清华大学、中国人民大学博士生导师
原国家环保局第一副局长

目录
CONTENT

〔第一部分　经文〕

第二部分 经文解说

第一部分
经文

第一章【人之初，本低碳】
——低碳缘起

人之初，本低碳。法自然，至易简。

顺节候，因地宜。人天合，应四时。

稼再生，田长护。学老农，师老圃。

工业兴，燃煤油。排废气，使人愁。

高排放，高污染。渐积重，终难返。

惊温室，忧效应。源与汇，不相称。

科学家，聚共识。联合国，集群力。

谋发展，倡持续。新世纪，兴新绿。

增碳汇，减碳源。我中华，勇承担。

十五载，碳减半。知任重，明道远。

古神州，法乎上。低碳业，无限量。

宜衣食，宜住行。宜百事，谓宜生。

第二章【宜适量，食有度】

——低碳衣食

生有涯，物有数。宜适量，食有度。

凡饮食，宜清淡。远三高，近低碳。

五谷养，能扶阳。五果助，滋味长。

五畜益，知其味。五菜充，补其气。

善珍摄，盘中餐。剩饭菜，打包还。

自带杯，携餐具。讲卫生，心无虑。

爱天然，着布衣。真舒适，乐自知。

买新衣，不强求。着便装，亦风流。

第三章【何须大，贵适中】

——低碳居住

我先民，有巢氏。五千年，低碳史。

循风水，构庑堂。冬保暖，夏生凉。

值今朝，城市化。高耗能，重代价。

简装修，宜家室。有预防，无妄疾。

能聚气，能藏风。何须大，贵适中。

植繁枝，添绿化。建小区，营雅舍。

长安居，大不易。行低碳，无难事。

都市风，乡村道。能低碳，才美好。

第四章【近距离，玉步移】

——低碳出行

近距离，玉步移。强腰脚，做健儿。

自行车，经常骑。不愁堵，不误时。

搭巴士，乘地铁。不同城，相连接。

众出行，首公交。若无缝，境界高。

信息台，高智能。防阻塞，亮绿灯。

作绿游，原生态。驾轻车，真畅快。

结芳邻，香风逐。同出入，拼车族。

出有车，小排量。善保养，入无恙。

第五章【不铺张，不浪费】
——低碳购（物）娱（乐）

入超市，买果菜。购物袋，随身带。

品牌众，抉择多。低碳律，作金科。

荷叶棕，系水草。物天然，真环保。

叹月饼，架琳琅。椟胜珠，卖包装。

网上购，乐淘淘。能刷卡，不用钞。

不铺张，不浪费。凡物品，慎添置。

离室中，到户外。爱自然，大自在。

过水驿，乐山程。好远足，善养生。

踢毽子，打太极。能休养，善生息。

大广场，舞翩翩。乐低碳，别有天。

第六章【善利用，废为宝】

——低碳器用

一滴水，一滴油。沙成塔，腋成裘。

一度电，一张纸。关低碳，无小事。

凡垃圾，分类好。善利用，废为宝。

一次盒，应摒弃。一次筷，不为例。

用电器，耗能源。窗常开，灯常关。

勿轻换，手中机。勿乱弃，废电池。

一刀纸，一棵树。各种纸，节约用。

母亲河，无限美。循环用，一桶水。

兴红木，尚真皮。与低碳，不相宜。

竹生笋，笋变竹。竹家具，装满屋。

第七章【凡机关，为表率】
——低碳机构

看今朝，教兴国。年少时，最可塑。

爱一草，种一木。尚低碳，校园绿。

与草木，为朋友。长追慕，先生柳。

曰学校，曰家庭。知此事，要躬行。

火车快，车头带。凡机关，为表率。

凡采购，绿优先。意识强，制度严。

无纸化，电子书。文山移，会海枯。

公务车，需统筹。风同路，雨同舟。

曰医院，曰卫生。低碳事，莫缓行。

小病痛，社区医。大处方，要三思。

医疗械，妥处置。已用物，莫乱弃。

抗生素，慎用之。救其弊，需良医。

精气神，善养浩。正气存，人不老。

第八章【情弥重，心尤素】
——低碳社交

淡如水，人如故。情弥重，心尤素。

昔传书，千万纸。今上网，飞雁字。

昔秋水，望欲穿。今春意，即刻传。

久相违，春风面。可随时，网上见。

寄贺卡，拜新年。费字纸，耗金钱。

发电邮，图文茂。南北极，刹那到。

红白事，均应素。人送礼，应简朴。

第九章【金领贵，绿领潮】
——低碳工作

今立业，需低碳。愿无穷，景无限。

商如战，贵竞争。唯低碳，可横行。

碳资产，乘风发。善管理，先得月。

碳信息，占先机。善运用，必披靡。

工业品，添绿色。全周期，创佳绩。

非宅女，非宅男。妙创意，此中探。

蓝领好，白领高。金领贵，绿领潮。

第十章【亿万人，同低碳】
——低碳文化

碳足迹，求诸己。低碳荣，高碳耻。

播绿色，种福田。慎开发，虑周延。

惜万物，爱自然。筹大业，创新篇。

易之卦，原有节。古文明，新连结。

亿万人，同低碳。碳中和，道不远。

爱低碳，乐生活。蔚成风，称大国。

低碳路，中国造。化人文，行大道。

敬天地，降人才。精诚至，金石开。

第二部分
经文解说

第一章【人之初，本低碳】

——低碳缘起

人之初，本低碳。

法自然，至易简。

"人之初，性本善。"《三字经》开篇两句，开宗明义，道出中国文化性善学说的意蕴，名章隽语，永久流传。

我们今天倡导低碳生活，编撰《低碳三字经》，即是运用昔贤绝妙好之体裁，借《三字经》之旧瓶，装低碳生活之新酒。其实，低碳生活亦是老酒，中国自春秋之世起，往圣先贤都倡导低碳生活，可谓发低碳生活之先声。所以我们也说："人之初，本低碳。"

"法自然"出自《老子》："人法地，地法天，天法道，道法自然。"老子之道，"道可道，非常道。"在此，我们对道家学说未能深入探讨，何况道家博大精深。我们只能说，道家的生活态度与低碳生活应可相通。如果我们深入研究，也许能写一本《道家与低碳生活》的专著呢！

"至易简"，易简是《易经》的理念。《周易·系辞上》："易则易知，简则易从。……易简而天下之理得矣。"易简是平易简单之意，这不正是低碳生活之真义吗？

我们从先秦经典《老子》、《易经》引来源头活水，成为中国式低碳的生活精神资源。

人之初本低候注自然
易简竹简毛辰志峯

顺节候，因地宜。

人天合，应四时。

中国自古就有与天地相应的低碳生活哲学。"顺节候"因应时间，中国古代历法有二十四节气，七十二候，一步到位，永不过时，久经验证历历不爽。"因地宜"因应空间，低碳生活要与时空相应。"天人合"是中国和谐自然哲学，强调人要敬畏自然，保护自然，天人合一。

"应四时"是中国古中医特有的养生理念，《黄帝内经·素问》第二篇《四气调神大论》中说："夫四时阴阳者，万物之根本也。"譬如强调秋三月要"早卧早起，与鸡俱兴"，冬三月要"早卧晚起，必待日光"，不但有益身心健康，还能减少耗电，节约能源。中国传统文化一直以来倡导的是可持续发展的低碳生活。

順天即候困地宜
人天合應四時
壬辰志志

第二部分　经文解说

稼再生，田长护。

学老农，师老圃。

　　中国传统农业社会对大自然的开发与保护，形成一种良性循环，低碳生产是低碳生活的有效保障。譬如中国农民耕种农田，几千年反复耕耘，却没有今天土地结块与退化等严重后遗症。

　　当年樊迟请学稼，孔子曰："吾不如老农"。樊持请学为圃，子曰："吾不如老圃。"见《论语·子路》。孔子是"圣之时者也"，故深知老农老圃经验与智慧之可贵。

　　我们今日"学老农，师老圃"，就是要吸收中国传统保护生态平衡的智慧，创造低碳生活，以期重现"一水护田将绿绕，两山排闼送青来"（王安石名句）的田园美景。

工业兴，燃煤油。

排废气，使人愁。

高排放，高污染。

渐积重，终难返。

　　自蒸汽机车发明以来，全球进入工业革命时代，随着煤油等燃料的广泛使用，二氧化碳等废气排放激增，并污染我们赖以生存的环境，导致全球环境恶化。"总为浮云能蔽日，长安不见使人愁"，唐代诗人李白忧世伤时的名句，我们今日重读有了全新的感受，不仅是"长安不见"，许多大城市空气污浊，能见度低，的确"使人愁"啊！

　　古人有"积重难返"之语，排放污染问题早已到了"积重"的地步。

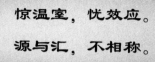

惊温室，忧效应。
源与汇，不相称。

温室效应（Greenhouse Effect）是二氧化碳等废气排放造成的恶果，它指大气中的温室气体可以让太阳短波辐射透过大气射入地面，而阻止长波往外空辐射从而导致地表温度增高的现象。生活中我们可以见到温室包括玻璃育花房和蔬菜大棚。温室有两个特点：一是温度室内高，二是不散热。使用玻璃或透明塑料薄膜来做温室，是让太阳光能够直接照射进温室，加热室内空气，而玻璃或透明塑料薄膜又可以不让室内的热空气向外散发，使室内的温度保持高于外界的状态。地面——对流层系统之间温度的逐步上升，会引起一系列严重全球性环境变化问题。

科学家研究显示，有6种是人为温室气体会影响到全球气候变化，它们是二氧化碳（CO_2）、甲烷（CH_4）、氧化亚氮（N_2O）、氢氟氮化物(HFCs)、全氟化碳(PFCs)、氟化硫（SF_6）。大家最熟悉的是二氧化碳，是我们今天共同关注的一个焦点问题。

温室气体占大气层不足1%，其总浓度视乎各"源"与"汇"的平衡结果。"源"是指温室气体的排放，"汇"是大气中温室气体的吸收。自工业革命以来，人类逐年向大气中排放大量的温室气体，同时大量破坏、砍伐森林，加剧了"源"与"汇"的不平衡，进而通过温室效应使全球气候变化问题进一步加剧。我们处于温室效应之中，就像青蛙在不断升高的水温之中，如此发展下去，真是不堪设想！

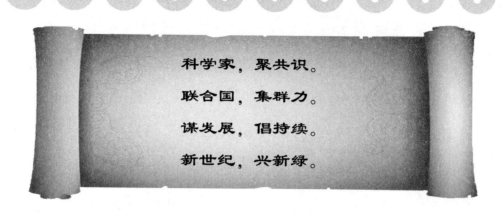

科学家，聚共识。

联合国，集群力。

谋发展，倡持续。

新世纪，兴新绿。

温室效应引发的全球气候变化问题引起了有识之士的警醒。1988年，国际气象组织（WMO）和联合国环境规划署（UNEP）共同成立了联合国政府间气候变化专业委员会（IPCC），组织了全世界数以千计的科学家开展全球气候变化科学评估活动。这是一个超大规模的研究队伍。IPCC的工作是非常细致、非常深入，吸收了世界上所有地区的数百位专家的工作成果，并分别于1990年、1995年、2001年、2007年完成了四次全球气候变化科学评估报告。早期的报告是《全球气候变化公约》和《京都议定书》的基础。2007年第四次评估报告包括《气候变化2007：自然科学基础》、《气候变化2007：影响、适应性和脆弱性》、《气候变化2007：减缓气候变化》等。

在科学共识基础上，1992年5月22日，联合国政府间谈判委员会就气候变化问题达成《联合国气候变化框架公约》（United Nations Framework Convention on Climate Change)，并于1992年6月4日在巴西里约热内卢举行的联合国环境与发展大会（地球首脑会议）上获得通过。《联合国气候变化框架公约》是世界上第一个为全面控制二氧化碳等温室气体排放，以应对全球气候变暖给人类经济和社会带来不利影响的国际公约，也是国际社会在对付全球气候变化问题上进行国际合作的一个基本框架。《联合国气候变化框架公约》的最终目标是将大气中温室气体浓度稳定在不对气候系统造成危害的水平。1997年12月11日，《联合国气候变化框架公约》第三次缔约方大会在日本京都举行，通过《联合国气候变化框架公约京都议定书》。《联合国气候变化框架公约京都议定书》在实质性内容上有新的突破，它规定了发达国家在2008年至2012年的具有法律约束力的温室气体减排义务：欧盟为8%，美国7%，日本6%……它还允许发达国家通过境外减排方式履行在气候公约和京都议定书下的义务，因而具有较强的操作性。

2003年，英国能源白皮书《我们能源的未来：创建低碳经济》正式提出低碳经济概念。低碳经济概念一经提出，迅速被各国所接受，被认为是应对全球气候变化，保障能源安全，实现可持续发展的基本途径和战略选择。2008年的世界环境日主题定为"转变传统观念，推行低碳经济"，希望国际社会能够重视并采取措施使低碳经济的共识纳入到决策之中。

目前国际社会认为，应对全球气候变化和发展低碳经济是21世纪实现全球可持续发展的最大任务，需要全世界每一个政府和每一个人的智慧、责任感与实际行动，需要各国以各种方式进行有效的合作，需要能源科学与技术的革新与革命，需要政府管理理念和体制的改造与创新，需要每一个人的生活理念与生活方式的破旧立新，而且需要人类几百年乃至更长时间持续不断的努力。

增碳汇，减碳源。

我中华，勇承担。

十五载，碳减半。

知任重，明道远。

在全球气候变化和低碳经济议题上，中国的态度是积极的。中国政府十分重视以减少碳排放为核心内容的国际气候谈判，积极参与全球提高能源效率、开发可再生能源，采用清洁发展机制等重要行动。

2007年6月，国务院出台《中国应对气候变化国家方案》，系统阐述了中国应对气候变化的指导思想、原则和目标，明确提出具体措施和相关政策，我国发展低碳经济的政策基调由此确定。2009年，中国宣布了控制温室气体排放的行动目标，到2020年单位GDP二氧化碳排放比2005年下降40%～45%，15年内碳排放减半。这一约束性指标纳入中国国民经济和社会中长期发展规划，并制定相应的统计、监测、考核办法。

中国作为全球主要排放国和发展中国家，每年的发电装机容量相当于英国的总量，因而面临的减少温室气体排放的挑战是空前的。但中国勇于承担大国的责任。真是任重而道远，有待举国上下共同努力。低碳经济正在成为中国经济转型的支柱，引导未来走向。

第二部分　经文解说

古神州，法乎上。

低碳业，无限量。

宜衣食，宜住行。

宜百事，谓宜生。

　　随着全球低碳经济时代的到来，我国参与制定联合国低碳经济的新规则，与发达国家相比，我们起步稍晚。但是，我们可以取法乎上，以后来居上。

　　我们倡导低碳生活，既从文化思想入手，也从衣食住行日常生活着手。我国人民自古勤俭节约，今日人均耗能也比发达国家少得多。我们倡导低碳生活，就是要在继承我国低碳文化传统之上，从身边小事做起，一点一滴做起，滴水归海，共建低碳经济大业。

第二章【宜适量，食有度】

——低碳衣食

生有涯，物有数。

宜适量，食有度。

凡饮食，宜清淡。

远三高，近低碳。

低碳饮食是新观念，倡导者提出严格限制碳水化合物消耗量，增加蛋白质和纤维素的摄入。肉类食物由于蛋白质脂肪含量较高，摄入过量会导致疾病的产生，如心血管病、糖尿病、心脏病、肾病、直肠癌等。

民以食为天，低碳生活要从低碳饮食开始。

第二部分 经文解说

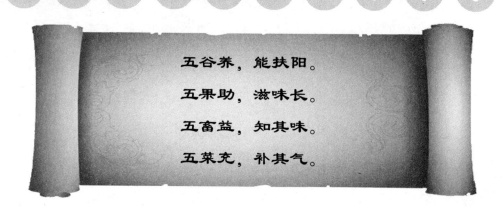

五谷养，能扶阳。

五果助，滋味长。

五畜益，知其味。

五菜充，补其气。

在世界饮食学史上，中国先哲最早提出低碳饮食观点。成书于2400多年前的中医典籍《黄帝内经·素问》已有"五谷为养，五果为助，五畜为益，五菜为充，气味合而服之，以补精益气"及"谷肉果菜，食养尽之，无使过之，伤其正也"的卓见。

"五谷为养"是指黍、秫、菽、麦，稻等谷物和豆类作为养育人体之主食。黍、秫、麦、稻富含碳水化合物和蛋白质，菽则富含蛋白质和脂肪等。谷物和豆类同食，可以大大提高营养价值。我国人民的饮食习惯是以碳水化合物作为热能的主要来源，而人类的生长发育的自身修补则主要依靠蛋白质。故五谷为养是符合现代营养学观点的。

"五果为助"是指枣、李、杏、栗、桃等水果、坚果，有助养身和健身之功。水果富含维生素、纤维素、糖类和有机酸等物质，可以生食，且能避免因烧煮破坏其营养成分。有些水果若饭后食用，还能帮助消化。故五果是平衡饮食中不可缺少的辅助食品。

"五畜为益"指牛、犬、羊、猪、鸡等禽畜肉食，对人体有补益作用，能增补五谷主食营养之不足，是平衡饮食食谱的主要辅食。动物性食物多为高蛋白、高脂肪、高热量，而且含有人体必需的氨基酸，是人体正常生理代谢及增强机体免疫力的重要营养物质。

"五菜为充"则指葵、韭、薤、藿、葱等蔬菜。各种蔬菜均含有多种微量元素、维生素、纤维素等营养物质，有增食欲、充饥腹、助消化、补营养、防便秘、降血脂、降血糖、防肠癌等作用，故对人体的健康十分有益。

至于食物的气味，中医认为食物有四气五味，即寒、热、温、凉四气和辛、甘、酸、苦、咸五味。前者依据食物被人吃后引起的反应而定；后者主要是根据食物本来滋味而划分的。讲究食物的气味(性味)和功能，又是中医饮食疗法的基础。熟练地驾驭饮食疗法，因时、因地、因人制宜地进食某些食物，既能祛病，又能健身、长寿。正如唐代名医孙思邈在《千金方》中所说：

五谷养晨
能扶阳
五果助
淡味长
吉
峰图

第二部分　经文解说

"凡欲治疗，施以食疗，食疗不愈，后乃用药尔。"

　　日常饮食坚持五谷、五果、五畜、五菜和四气五味的合理搭配，且不偏食、偏嗜，不过食、暴食，患病时以"热症寒治""寒症热治"为原则选择饮食，是古而不老的中医食疗学观点，也是现代营养学所大力提倡的平衡饮食。

善珍摄，盘中餐。

剩饭菜，打包还。

自带杯，携餐具。

讲卫生，心无虑。

　　唐代诗人有名句："谁知盘中餐，粒粒皆辛苦"，诗人慨乎言之。我们今天提倡剩饭菜打包，珍惜粮食，还是低碳生活的重要一环。

　　自带餐具，减少一次性餐具的浪费和污染，一次性筷子的加工用二氧化硫熏蒸，双氧水漂白，石蜡抛光，往往不经消毒就直接提供给消费者，引发慢性中毒。保护树木，保护土地，自带"私家"餐具，更环保健康，何乐而不为呢？

爱天然，着布衣。

真舒适，乐自知。

买新衣，不强求。

着便装，亦风流。

低碳服装是服装环保概念，指让每个人在消耗全部服装过程中产生的碳排放总量更低的方法，其中包括选用总碳排放量低的服装，选用可循环利用材料制成的服装，及增加服装利用率，减小服装消耗总量的方法等。

一件衣服从原材料的生产到制作、运输、使用以及废弃后的处理，都排放二氧化碳。以一条普通的涤纶裤为例，终其"一生"要排碳47千克，是其自身重量的117倍，造成很大的污染。低碳服装日益受推崇，未来服装企业不再比较谁销售得最多，谁卖得最贵，而要看谁的材质、工艺对环境危害更小，谁的服装碳排放更少，这样才能赢得消费者的青睐，从而获得更多的市场份额。

从服装的面料开始，如果使用丝绸、棉布、麻布为主要原料，碳排放量就会降下来；服装生产过程中难免使用各种化学制剂，企业可以改用天然、环保制剂；加强技术创新力度，企业可大力发展减排技术，并在调整目录中对先进或落后的工艺方法区别对待；合理生产，控制库存，没有销售出去的服装会占用资金和库存，增加碳排放量。

选择天然面料时装，远离化纤类的服装；一衣多穿，提高衣物的利用率；减少购买服装的频率，选购环保款式；减少洗涤次数，手洗代替机洗；旧衣翻新或转赠他人……这些都是时尚达人的"穿衣经"。

古语云"衣不如新"。今天时尚低碳，即便是着便装，也是出色、最潮的人。

愛天然着
本衣真舒
適樂自知
壬辰
志學

第三章【何须大，贵适中】

——低碳居住

> 我先民，有巢氏。
>
> 五千年，低碳史。

有巢氏是中国历史传说中的伟大人物，发明巢居，先民穴居野外，常受野兽侵害，有巢氏教民众构木为巢，以避兽害，人民才从穴居到巢居。先秦古典中多有记载，《庄子·盗跖》："古者禽兽多而人民少，于是民皆巢居以避之。昼拾橡栗，暮栖木上，故命之曰有巢氏之民。"

中国传统建筑五千年来，营造了无数成功的典范，中国建筑史是一部低碳环保的历史。

钻危民有巢氏五千
年低碳史
颜

循风水，构庑堂。
冬保暖，夏生凉。

晋人郭璞给风水下了一个定义："气乘风则散，界水则止，古人聚之使不散，行之使有止，故谓之风水。"

风水又称堪舆，许慎在《说文解字》中解释：堪，天道；舆，地道。风水是一门十分丰富、驳杂的学问，争议甚多。我们在此不参与争论，只是指出一个事实，中国历史上营造都城和房屋，绝大多数都是按照风水学的原理来设计的，风水在中国人居住史上发挥了重要的作用。中国传统民居冬暖夏凉，就是依据风水原理，因地制宜，才臻佳境。

第二部分　经文解说

循宅水槽庭堂築暖冬柴凌壁壬辰筆

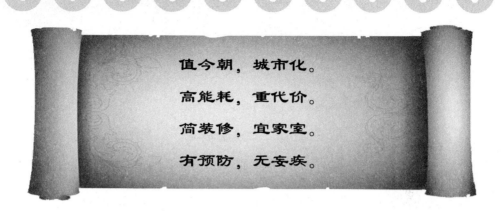

值今朝，城市化。

高能耗，重代价。

简装修，宜家室。

有预防，无妄疾。

我们不能回到小桥流水的乡村中生活，随着中国都市化的浪潮而来的是高污染、高耗能时代。都市化建设需要大量用到的钢铁和水泥都源于高能耗行业，林立的摩天大楼被称为"石屋森林"，没有深山老林的鸣泉飞鸟，却充满浮尘废气，形成热岛效应。如果说这是城市化要付出的代价，我们应让代价付出更少，避免重蹈都市化导致环境极大恶化的覆辙。

"简装修，宜家室。"古人云；"一屋不扫，何以扫天下"，我们倡导低碳生活，首先要从自己做起，我们提倡装修要简朴，就是低碳居住的第一步。目前过度装修成为通病，一些装修公司为了能在客户身上多赚钱，在装修过程中尽可能使用装修材料，迎合一部分客户追求奢华的心理，不是给房子锦上添花，而是画蛇添足！

由于劣质的装修材料和不合格的装修工艺，许多费尽心思装修的美丽新居成了"毒气室"。

故此，我们要"简装修，宜家室。"

"有预防，无妄疾"，这是从根源上防范装修病，"无妄"是《易经》六十四卦之二十五卦，世人常说的无妄之灾即源于此，指平白无故受到的灾祸或损坏。

"有预防，无妄疾"，这是低碳生活的理念，不必占卜算卦，只要真正过低碳生活，就能防止许多无妄之灾。

能聚气，能藏风。

何须大，贵适中。

植繁枝，添绿化。

建小区，营雅舍。

中国传统文化讲究"藏风聚气"，这四个字中蕴藏天机，在此不作深入发挥。中国传统文化认为，人体外表存在着一层肉眼看不见的气场，是由人体本身产生的能量流不断流动形成，这种能量流交织而成的是维持生命所必需的气。这种气场喜聚不能散，相当于给人体穿了一层"盔甲"，气场若散失到一定程度，人体就会受到外界不良因素侵袭而致病。这种气在人休息进入睡眠状态时最弱，也最易为外界不良因素侵入。现代有人做过实验，人在空旷的地方睡眠与在室内睡眠时相比，围绕人体外围的气最微弱。以此之故，古人居住追求"宅小人多气旺。"

清代郑板桥有名联"室雅何须大，花香不在多。"时至今日，都市人口激增，居住空间有限，我们不应羡

能聚水氣
能藏風
得經久
貴適中

慕别墅大宅，而应选择适中的低碳住宅，藏风聚气，有益身心健康。

　　"植繁枝，添绿化。建小区，营雅舍。"大家都从我做起，共建低碳和谐小区。

长安居，大不易。

行低碳，无难事。

都市风，乡村道。

能低碳，才美好。

《全唐诗话》记载，白居易十六岁到长安应举，带了诗文谒见当时的大名士顾况，顾况看了白居易的名字，开玩笑说，"长安米贵，居亦不易。"但翻开诗卷，读到"野火烧不尽，春风吹又生"名句时，不禁连声赞赏说："有才如此，居亦何难！"

"长安居，大不易"典故由此而来，意谓大城市物价贵，维持生活不易。今天各大城市房价高企，工薪阶层望房兴叹。越是不易居，越应厉行低碳生活。

有一句广告词"城市让生活更美好"，如果加上两字，画龙点睛，就成了"低碳城市让生活更美好。"

不但城市应低碳，乡村也应低碳，今天许多乡村摒弃了低碳传统，也步城市后尘，走上高碳之路。所以我们强调："都市风，乡村道。能低碳，才美好。"

第四章【近距离，玉步移】

——低碳居住

近距离，玉步移。

强腰脚，做健儿。

自行车，经常骑。

不愁堵，不误时。

中国古人有一句美好的辞令叫做"请移玉步"，玉步意指从容雅步。《后汉书》六十下《蔡邕传》："当其无事也，则舒绅缓佩，鸣玉以步，绰有余裕。"唐代上官仪《和太尉戏赠高阳公》诗中有"玉步逶迤动罗袜"佳句，在古人笔下，"玉步"是多么优雅！

时至今日，许多人有车代步，一两千米也要开车。如果多走路，不但节约能源，还能延缓人的衰老。按中医理论，人老脚先老，脚上穴位多，走路能提振阳气，激活生机，走路是低碳出行的第一步，也是健身的良方。

自行车是绿色环保的交通工具，自行车设计不断更新，性能更加完善，是国人短途出门的首选，我国曾有自行车大国的美誉，我们要提倡骑自行车，让自行车发挥更大的功能。我国知名环保人士、自然之友创办人梁从诚先生，终生身体力行骑自行车。

近距離步形
腳作腰

淡化

健兒

赤峰

搭巴士，乘地铁。

不同城，相连接。

众出行，首公交。

若无缝，境界高。

　　随着大都市生活圈的形成，公交系统完善，有的城市已达到无缝连接，比如广州、佛山两市地铁已接通，广佛同城时代已然到来。

　　公交实现低碳出行，我们出来要树立低碳观念，文明乘车，公交管理部门在这方面要做更多努力，让公交更方便民众，更能承载文明。譬如广州地铁做了一些有意义的探索，请书法家挥毫写站名，让乘客的灯红酒绿的商业广告中，也能欣赏传统的书法艺术，即便是惊鸿一瞥！

　　地铁成了城市文化的又一载体，地铁文化是城市文化的浓缩和提炼，从发达国家的地铁文化建设特色来看，地铁文化无不蕴含着浓郁的城市文化气息，特别是那些有着丰厚历史文化底蕴的城市，地铁还可以延伸和提升城市文化。

　　因此，我们要把公交文化建设与低碳出行理念结合起来，让两者互相促进，相得益彰。

信息台，高智能。

防阻塞，亮绿灯。

　　此言低碳出行。交通系统的智能化，交通信息台对车辆行驶的科学引导，可以大大减少交通堵塞和不必要的红绿灯路口停留时间，从而减少不必要的汽油消耗。

作绿游，原生态。

驾轻车，真畅快。

　　绿游(Green Tourism)是由保护国际(全球最大的非盈利性环保组织)等环保机构提出的一种出游新方式，游客旅游的时候既能放松身心，又可以保护环境，并用简单易行的方法减少对环境带来的影响。

　　绿游标准：仔细准备每次旅行，带上地图，尽量选择提供环保信息的景区和旅行社；计算出行时的二氧化碳排放量，尽量选择用低碳方式旅行；不吃野生动物，不购买野生动物及其制品；不使用一次性塑料袋；不随意丢垃圾和电池；减少使用洗涤剂，等等。

结芳邻，香风逐。

同出入，拼车族。

出有车，小排量。

善保养，入无羔。

王勃《滕王阁序》中有"非谢家之宝树，接孟氏之芳邻"名句，古语云"远亲不如近邻"，结芳邻是人生一大乐事。我们今天建设和谐社会，结芳邻更为可贵。

由于油价攀升，导致有车一族压力越来越大，各大城市出现了"拼车一族"。拼车是好事，真正实现了低碳出行，但应谨慎，为了防止意外，拼车族还应投保"车上人身责任险"，又称"乘客险"。

我们期待拼车族在低碳、安全的前提下，蔚然成风。

我们倡导用小排量汽车。对于小排量车的划分，东西方国家的标准不尽相同，既有包含了观念上的因素，也有地域经济发达程度的原因。

西方国家划分小排量汽车的标准是排气量在1.6升以

下的汽车；日本、韩国等国则将排气量在0.5～0.6升的汽车称为小排量汽车。在我国目前的经济条件下，小排量汽车的概念通常是指排气量在1.0升(含1.0升)以下的汽车。

小排量汽车具有以下优点：

1. 节能。小排量汽车油耗量基本上在每千米6升以下，与一般排气量在1.4升以下的家庭经济型轿车相比，每百千米可省3～4升油，社会效益十分明显。

2. 环保。我国城市环境空气质量检测表明，70%的城市环境空气质量不达标，随着城市机动车保有量的急剧增加，机动车污染排放已成为很多城市空气污染的主要来源。

3. 经济。小排量汽车称得上是最佳的城市用车，价格便宜，一般在8万元人民币以下，在家庭经济承受范围之内。同时，可降低制造的材料成本。

我们建议政府相关部门重视小排量汽车的发展，制定有助于小排量汽车发展的相关政策，以可持续发展观，合理引导市民消费，使小排量汽车和大排量汽车协调发展。

第二部分 经文解说

結伴鄰香
風馳逐風出入
搭車族

第五章【不铺张，不浪费】
—— 低碳购（物）娱（乐）

> 入超市，买果菜。
>
> 购物袋，随身带。
>
> 品牌众，抉择多。
>
> 低碳律，作金科。

　　我们外出购物，应随身带购物袋，包括无纺布袋、布袋、以前保存的塑料袋、随身的背包，甚至直接用手拿，减少使用塑料袋。为了保护环境，大家要培养减少使用塑料袋的习惯。

　　自从"限塑令"颁布以后，各地政府、公益组织、企业积极响应并付诸实践，大力推广环保购物袋，各类环保袋大量发放。

　　但是，如何保证这些环保袋被充分利用，而不是在家闲置甚至被直接丢到垃圾桶，不然的话，环保袋有可能比塑料袋更不环保。

我们购物的时候，应把是否低碳作为金科玉律，典出自汉代扬雄《剧秦美新》："懿律嘉量，金科玉条。"谓不可变更的法令或规则。后多比喻必须遵守、不可变更的信条。前蜀杜光庭《胡常侍修黄箓斋词》："金科玉律，云篆瑶章，先万法以垂文，具九流而拯世。"清周圻《与济叔论印章书》："惟以秦汉为师，非以秦汉为金科玉律也。"

历史上许多金科玉律早已过时，甚至成为笑柄，可是低碳应该是低碳时代的金科玉律，而且越来越重要。

荷叶粽，系水草。
物天然，真环保。
叹月饼，架琳琅。
椟胜珠，卖包装。

这里举出两个例子，低碳环保的荷叶粽与过度包装的月饼相比较，其实古人包装月饼也低碳，今天过度包装是商业社会的异化。从养生学角度看，粽子也是药膳的一种。用来包裹粽子的粽叶更有讲究。北方大多用芦苇叶，南方多用竹叶或荷叶，这些叶子都有很好的药用功能。苇叶可以清热生津、除烦止渴；竹叶可以清热除烦、利尿排毒；荷叶能清热利湿、和胃宁神。作为食品包装，其具备天然和无污染的特性，因此，当今营养学家称为"天然绿色食品"。粽子礼盒也很环保，散装、简装的则基本是顾客的首选。

与之相比，越来越奢华的月饼包装也在加剧食品安全、环境污染和资源浪费等社会隐患。有些企业为了使月饼显得高级，使用金、银色的月饼托盛装月饼，这是

第二部分 经文解说

使用再生塑料加入金粉和银粉制成的。再生塑料来源复杂，甚至来自于医疗垃圾、农药瓶等。过度包装的月饼礼盒再废弃后会对环境造成严重的污染。

2010年4月1日起正式实施的国家强制性标准《限制商品过度包装要求——食品和化妆品》对糕点类商品的包装形式、空隙率以及包装成本比例都有严格规定。这些硬性规定看似严密，实则缺乏可操作性。比如包装的成本价格如何核算？消费者在购物时，又怎么会知道包装的成本呢？

所以，应尽快完善标准中的漏洞，使生产企业在印刷产品包装时，就将包装的层数、空隙率、成本价格等信息公示给消费者。同时，还应参照我国《循环经济促进法》，鼓励企业使用单一材质生产包装，在包装的设计时就考虑到拆解与回收等问题。

《韩非子》中说："楚人有卖其珠于郑者，为木兰之柜，熏以桂椒，缀以珠玉，饰以玫瑰，辑以翡翠。郑人买其椟而还其珠。此可谓善卖椟矣，未可谓善鬻珠也。"

郑人只重外表而不顾实质，真是有目无珠。而楚人的过分包装也十分可笑，可谓自古已然，于今为烈，值得今天的消费者和企业深思。

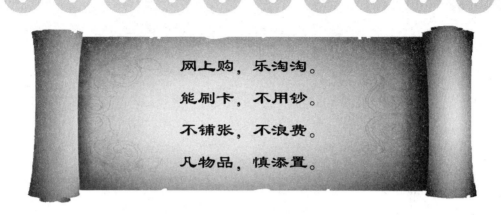

网上购，乐淘淘。

能刷卡，不用钞。

不铺张，不浪费。

凡物品，慎添置。

　　网上购物通过互联网检索商品信息，并以电子订购单发出购物请求，然后填上私人支票账号或信用卡的号码，厂商通过邮购的方式发货，或是通过快递公司送货上门。国内的网上购物，一般付款方式是款到发货（直接银行转账，在线汇款）、担保交易（淘宝支付宝，百度百付宝，腾讯财付通等的担保交易）、货到付款等。

　　网上购物可以在家"逛商店"，订货不受时间、地点的限制，获得较大量的商品信息，可以买到当地没有的商品；网上支付较传统拿现金支付更加安全，可避免现金丢失或遭到抢劫；从订货、买货到货物上门无需亲临现场，既省时又省力；由于网上商品省去租店面、召雇员及储存保管等一系列费用，总的来说其价格较一般商场的同类商品更便宜。对于商家来说，由于网上销售具有没有库存压力、经营成本低、经营规模不受场地限制等优势。网上购物在低碳经济时代是达到多赢效果的理想模式。网上购书也成为新时尚，更加便利实惠。

离室中，到户外。

爱自然，大自在。

过水驿，乐山程。

好远足，善养生。

　　户外休闲运动如登山、漂流、游泳，等等都是低碳娱乐运动，拥抱自然，挑战自我，能够培养个人的毅力和团队之间的合作精神，我国地理条件的得天独厚，拥有良好的自然资源，也为户外运动提供了广阔的空间。

　　哲人庄子提出"顺物之自然""应物之自然"等观念。庄子认为，远古时代是人与自然和谐的时代，"莫之为而常自然"，道家提倡"效法自然"的养生之道。"大自在"是佛教语，谓进退无碍，心离烦恼。

　　山水之中能养生，当世史学大家余英时教授在给他的老师钱穆先生九十大寿的祝寿诗中说："儒门亦有延年术，只在山程水驿中。"钱先生一生读万卷书，行万里路，最爱游名山大川。

踢毽子，打太极。

能休养，善生息。

大广场，舞翩翩。

乐低碳，别有天。

　　中国传统宝库中蕴藏低碳娱乐的瑰宝。踢毽子古称"抛足戏具"，是一种用鸡毛插在圆形的底座上做成的游戏器具。古代名物考据家认为踢毽子源于蹴鞠，如宋人高承《事物纪原》称踢毽子为"蹴鞠之遗事也"。而"蹴鞠者，传言黄帝所作，或曰起战国之时"（《史记·苏秦列传》裴骃集解引刘向《别录》），如此说来，踢毽子的历史就要追溯到战国以至遥远的黄帝时代了。

　　体育游戏毽子有鸡毛毽、皮毛毽、纸条毽、绒线毽等，是一项良好的全身性运动，它不需要任何专门的场地和设备，运动量可大可小，老幼皆宜，尤其有助于培养人的灵敏性和协调性，有助于身体的全面发展，增强健康。踢毽运动的娱乐性和灵活性，在深受国人青睐的同时，也为世界人民所喜爱，近年来欧洲、亚洲的国家都开展中国毽球运动。

太极拳是中华民族辩证的理论思维与武术、艺术的完美结合，是高层次的人体文化。有一系列养生修身炼己、以求长生久视的锻炼功法。太极拳的特点是中正安舒、轻灵圆活、松柔慢匀、开合有序、刚柔相济，动如"行云流水，连绵不断"，既自然又高雅。

踢毽子和打太极是休养生息的好方法，使身心得到休息或滋补。

广场舞蹈历史悠久，源远流长。据艺术史学家考证，人类最早产生的艺术是舞蹈，而且广场舞又是舞之母。广场舞蹈源于社会生活，产生在人民群众之中，群众是广场舞的创笔者和表演者。人民群众不仅创造了广场舞蹈，而且发展了广场舞蹈，使这一民间艺术之花深深扎根于广大群众的社会生活之中，代代传承，世代相沿，久盛不衰。

两千多年前，孟子见梁惠王时曾问，"独乐乐，与人乐乐，孰乐？"梁惠王答："不若与人。"孟子又问："与少乐乐，与众乐乐，孰乐？"梁惠王答："不若与众。"

看来独乐不如众乐，广场舞是与众乐。

踢毽子打太
极拳休养
生息

第六章【善利用，废为宝】

—— 低碳器用

一滴水，一滴油。

沙成塔，腋成裘。

一度电，一张纸。

关低碳，无小事。

《妙法莲华经·方便品》："乃至童子戏，聚沙为佛塔。"聚细沙成宝塔。原指儿童堆塔游戏。后比喻积少成多。《慎子·知忠》："故廊庙之材，盖非一木之枝也；粹白之裘，盖非一狐之皮也。"狐狸腋下的皮毛虽小，但聚集起来就能制成皮衣。比喻积少成多。

低碳生活同此理。

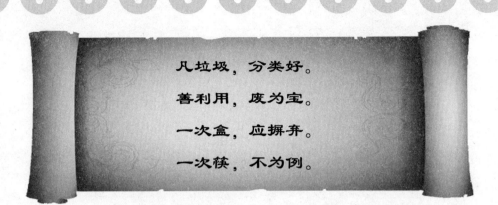

凡垃圾，分类好。

善利用，废为宝。

一次盒，应摒弃。

一次筷，不为例。

　　面对垃圾围城，我们仿佛到了兵临城下、四面楚歌的险境，垃圾无论填埋还是焚烧，都是对资源无谓的浪费，我们不断地把有限的地球资源变成垃圾，又把他们埋掉或烧掉，我们将来的子孙在哪里生存？

　　难道我们对待垃圾就束手无策了吗？其实，办法是有的，这就是垃圾分类。垃圾分类就是在源头将垃圾分类投放，并通过分类的清运和回收使之重新变成资源。

　　垃圾分类的好处是显而易见的。垃圾分类后被送到工厂而不是填埋场，既省下了土地，又避免了填埋或焚烧所产生的污染，还可以变废为宝。

　　垃圾分类对于一向勤俭持家的中国人并不陌生。我们难忘过去年代回收废品的情景：牙膏皮攒起来回收，橘子皮用来制药，垃圾用来做堆肥，废布头、墨水瓶，等等都能得到再利用。

垃圾分类是扬汤止沸。杜绝生产更多垃圾才是釜底抽薪。其中一环是不使用一次性筷子、一次性饭盒、一次性塑料袋。因为，使用一次性筷子，就会毁灭一片森林；使用一次性塑料饭盒和塑料袋，需要600年才能腐烂，而且还得不到降解，这给环境造成严重的污染和危害，对我们赖以生存和发展的地球构成莫大的威胁。

第二部分　经文解说

用电器，耗能源。

窗常开，灯常关。

勿轻换，手中机。

勿乱弃，废电池。

　　节约能源要从一点一滴做起，我们要科学合理地利用宝贵的水电资源，用自己的行动去节约每一滴水，每一度电。

　　养成随手关水龙头，关灯，关机的好习惯，关闭一切不必要的用电设备，不浪费一度电，不浪费一滴水。树立长期节约用电、用水观念，提高节能意识。发现漏水和电器故障时，人人都有责任及时通知相关人员报修。避免大开水龙头，提倡使用脸盆洗手，洗脸，杜绝长流水现象。衣物集中洗涤，洗涤剂用品要适量投放，缩短沐浴时间，避免浪费水。综合利用洗衣水，珍惜水资源，减少水污染。用完水后，要及时拧紧水龙头，用心节约每一滴水。坚持以够用、节约为原则，充分利用自然光，白天室内、办公室尽量不要开灯，养成人人少用电的好习惯。

我们不要为了时尚常换手机，那样也许时尚，却非达人！

废旧电器与电池的污染触目惊心，一粒纽扣电池可污染60万升水，等于一个人一生的饮水量。一节电池烂在地里，能够使一平方米的土地失去利用价值，所以把一节节的废旧电池说成是"污染小炸弹"一点也不过分。我们日常所用的普通干电池，主要有酸性锌锰电池和碱性锌锰电池两类，它们都含有汞、锰、镉、铅、锌等各种金属物质，废旧电池被遗弃后，电池的外壳会慢慢腐蚀，其中的重金属物质会逐渐渗入水体和土壤，造成污染。重金属污染的最大特点是它在自然界是不能降解，只能通过净化作用，将污染消除。污染势必影响资源利用，还需治理，故也是低碳所反对的。

一刀纸，一棵树。

各种纸，节约用。

母亲河，无限美。

循环用，一桶水。

上述几项太简单，只是知易行难。

城市生活在加大需水量，农业畜牧业在加大需水量，工业更是需要用水。但中国淡水资源生态受到人类的破坏与污染以及大量浪费。被称为中华民族的母亲河的黄河不但水质恶化，水量也急剧减少；长江的水情也是令人担忧。南水北调仍然难以彻底解决北方的用水问题。

节约用水用电的意义已经远远超出节约水电费勤俭持家范围。它更为深远的意义在于减轻水源负担，减少自来水厂生产用电，降低发电厂燃料所产生废气污水，避免过度消耗煤、油等资源。

母亲
无限
美德
环回
循
滴水

第二部分 经文解说

兴红木，尚真皮。

与低碳，不相宜。

竹生笋，笋变竹。

竹家具，装满屋。

中式传统家具，沉稳、有深厚的文化底蕴，在木材选用上，传统的红木价值经久不衰。但是中式设计往往不低碳，对环境有影响。原来，由于过度砍伐，制造红木家具的黄花梨木等树种在我国已经绝迹，东南亚的热带雨林也正濒临绝境。未必只有红木和真皮才能体现居家品味，红木与真皮都不低碳。

我们建议多使用竹制家具，因为竹子比树木长得快，竹家具和木家具相比，竹家具便宜得多，质量又好，这个产业是低碳产业。实木现在越来越少了，全球都在保护。五百年才出一根大木头，三、五年就可以出一根竹子，从循环经济的角度来说，推广竹制家具势在必行。

竹生笋
笋变竹
竹竹家
具见满
足庭

第七章【凡机关，为表率】
—— 低碳机构

看今朝，教兴国。

年少时，最可塑。

此言教育要从娃娃抓起，低碳生活习惯也要从小培养，习惯成自然。

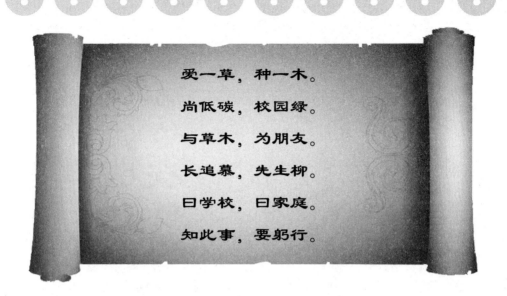

爱一草，种一木。

尚低碳，校园绿。

与草木，为朋友。

长追慕，先生柳。

曰学校，曰家庭。

知此事，要躬行。

学校倡导低碳生活，学生要从爱护一草一木做起，和树木做朋友。以树为友，以朋友的眼光感受朋友、理解朋友，关心、照顾朋友，能为"不高兴发芽的树"着急。又如开展树木认领活动，每位同学认领了一棵小树作为"帮扶对象"，并为小树挂上了刻有自己姓名的认领牌，成了一名名副其实的护绿使者。经常关注这些树木的成长状况，并对认领的树木进行看护。

陶渊明名篇《五柳先生传》中说："先生不知何许人也，亦不详其姓字；宅边有五柳树，因以为号焉。闲静少言，不慕荣利。好读书，不求甚解；每有会意，便欣然忘食。"

愛草種木
尚低碳校園綠

陶渊明自号五柳先生，今天的年轻学生种草木，不只是响应低碳生活，如能进而学习陶渊明这样真正伟大的古人借树木明志的高洁情操，"不戚戚于贫贱，不汲汲于富贵。"则是难能可贵的大佳事。

南宋著名诗人陆游曾写一首七绝《冬夜读书示子聿》："古人学问无遗力，少壮功夫老始成。纸上得来终觉浅，绝知此事要躬行。"这是陆游给他的小儿子的诗，大意是说，古人做学问是不遗余力的，往往是年轻时开始努力，到了老年才取得成功。从书本上得到的知识终归是浅薄的，要想真正理解书中的深刻道理，还必须亲身实行。

从学校到家庭，教育引导学生力行低碳、砥砺品学更应如此。

興草木為朋友長
逐莫泰先生柳

火车快，车头带。

凡机关，为表率。

凡采购，绿优先。

意识强，制度严。

　　机关应率先垂范，完善低碳办公制度，比如规定文件一律网上传输、用水一律限量供应、纸张一律双面打印、下班一律断开电源、白天一律采用自然光源、日用品一律不用一次性产品。组织干部职工集中学习低碳与节能减排有关知识，增强干部职工参与低碳生活的自觉性。

　　"绿色采购"是指政府通过庞大的采购力量，优先购买对环境负面影响较小的环境标志产品，促进企业环境行为的改善，从而对社会的绿色消费起到推动和示范作用。首先积极影响供应商，供应商为了赢得政府这个大客户，肯定会采取积极措施，提高企业的管理水平和技术创新水平，尽可能地节约资源。其次，政府绿色采购还因其量大面广，可以培养扶植一大批绿色产品和绿色产业，有效地促进绿色产业和清洁技术的发展，进而形成国民经济的可持续生产体系。此外，政府"绿色采购"也可以引导人们改变不合理的消费行为和习惯，倡导合理的消费模式和适度的消费规模，减少因不合理消费对环境造成的压力，进而有效地促进绿色消费市场的形成。

政府"绿色采购"是公共财政的一个重要组成部分。从公共财政的特征来看，满足社会的公共需要是它的主要目标和工作重心。而节能降耗和环保就是这样一种能够体现全社会整体利益的公共需要。

无纸化，电子书。

文山移，会海枯。

公务车，需统筹。

风同路，雨同舟。

　　为倡导节约，应实行网上办公自动化系统，把一台台计算机管理信息资源"孤岛"通过办公自动化系统软件联结成为一个高效便捷的管理信息"网络"。通过这个网络实现信息管理、新闻发布、公文传阅、行政审批督办等基本功能，把个人工作事务、公共事务、行政事务集成在一起，大大提高办公效率，打造绿色、节约、高效办公体系。

　　公务车应统筹安排，尽量拼车。外出开会，统一坐车。

第二部分　经文解说

曰医院，曰卫生。

低碳事，莫缓行。

小病痛，社区医。

大处方，要三思。

医疗械，妥处置。

已用物，莫乱弃。

　　为解决老百姓"看病难，看病贵"的问题，提出"小病不出社区，大病才上医院"的口号。发展社区卫生服务机构，完善社区卫生服务功能，为社区居民提供疾病预防等公共卫生服务和一般常见病、多发病、慢性病的基本医疗服务。分流常见病、轻微病病人，进而实现有限医疗资源的最大化合理配置，解决居民看病难、看病贵的难题。

　　解决"大处方"的问题，需要多管齐下，综合治理。医院则应承担起救死扶伤的责任和义务，多为患者着想，多为患者考虑，大力推行小处方，即使需要开"大处方"，也要患者签字才生效，在医患之间增加透明度，让患者的钱花在明处，实行"阳光医疗"。

由于医疗垃圾的问题由来已久，历史欠账很多，在处理过程中还存在一些不容忽视的问题。医疗垃圾的处理要实现无害化，无论是医疗废物的焚烧，还是医疗废水的处理，都需要很高的技术要求；如果达不到标准，很易产生二恶英等二次污染。有关各方应该加快科研攻关，建立严格的处置标准，进一步提高医疗垃圾的处理能力。

抗生素，慎用之。

救其弊，需良医。

精气神，善养浩。

正气存，人不老。

　　抗生素是由一些微生物合成的、能抑制或杀灭某些病原体的化学物质。滥用抗生素的危害：诱发细菌耐药——病原微生物为躲避药物在不断变异，耐药菌株也随之产生。目前，几乎没有一种抗菌药物不存在耐药现象。损害人体器官——抗生素在杀菌的同时，也会造成人体损害。影响肝、肾脏功能、引起胃肠道反应等。导致二重感染——在正常情况下，人体的口腔、呼吸道、肠道都有细菌寄生，寄殖菌群在相互拮抗下维持着平衡状态。如果长期使用广谱抗菌药物，敏感菌会被杀灭，而不敏感菌乘机繁殖，未被抑制的细菌、真菌及外来菌也可乘虚而入，诱发又一次的感染。造成社会危害——滥用抗生素可能引起某些细菌耐药现象的发生，对感染的治疗会变得十分困难。

康生妻慎加之撤其弊寿良殹也

《老子》《庄子》《管子》《孟子》《黄帝内经》等，皆论及精气神，并阐述了"养气""存精""守神"等养生之道。孟子曾说"我善养吾浩然之气"。在两千多年前的《黄帝内经》中就有："正气存内，邪不可干"的至理名言。

第二部分　经文解说

第八章【情弥重，心尤素】

—— 低碳社交

淡如水，人如故。

情弥重，心尤素。

《庄子·山木》："且君子之交淡若水，小人之交甘若醴；君子淡以亲，小人甘以绝。"乐府："茕茕白兔，东走西顾。衣不如新，人不如故。"这篇《古艳歌》最初见于《太平御览》卷六百八十九。陶渊明《归园田居》有"闻多素心人，乐与数晨夕"名句。中国古人推崇君子之交，可谓开低碳社交之先河。

淡如秋水如故情彌素

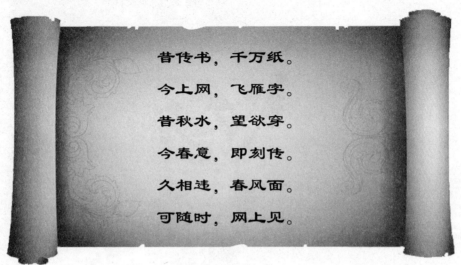

昔传书，千万纸。

今上网，飞雁字。

昔秋水，望欲穿。

今春意，即刻传。

久相违，春风面。

可随时，网上见。

《周易·渐》曰："初六鸿渐于干，上九鸿渐于陆，其羽可用为威仪吉"；《礼记·月令》曰："东风解冻，蛰虫始振……鸿雁来……是月也，以立春。"鸿雁传书的传说在先秦两汉时期萌生。《楚辞》有4篇写到雁，屈原的《思美人》中有一句："因归鸟而致辞兮，羌宿高而难当。"洪兴祖注曰："思附鸿雁，达中情也。"虽然屈原自己并没有点明这只"传情"的"归鸟"就是鸿雁，虽然这只归鸟传达的也只是"情"，但是这已经足以启发后来者的思绪，距鸿雁传书不远了。古时候给书信一个美好的名词叫"鸿雁传书"，写信、收信、看信，每一个步骤都承载了情感，拿在手上实实

昔者書千传
书纸万
今
网
飞
字雁

第二部分 经文解说

在在能感受到它的分量。

但是，现在信件过多，也造成浪费和能源过度消耗。我们通过网上电子信函，既节省又快捷，迅速拉近彼此的距离，也能达到良好的效果。

秋水：比喻人的眼睛。眼睛都望穿了。形容对远地亲友的殷切盼望。出自王实甫《西厢记》第三本第二折："望穿他盈盈秋水，蹙损他淡淡春山。"

春意：春天的气象。南朝江淹《卧疾愁别刘长史》诗："始怀未回叹，春意秋方惊。"宋陈师道《绝句》："丁宁鸟语传春意，白下门东第几家？"春意也表示两性爱恋的情意。《乐府诗集·清商曲辞一·子夜四时歌春歌四》："温风入南牖，织妇怀春意。"《醒世恒言》："春意满身扶不起，一双蝴蝶逐人来。"

春风面，比喻美丽的容貌。杜甫《咏怀古迹》之三："画图省识春风面，环佩空归月夜魂。"陈与义《和张规臣水墨梅》之四："含章檐下春风面，造化功成秋兔毫。"元王实甫《西厢记》第一本第一折："我见他宜嗔宜喜春风面，偏宜贴翠花钿。"

透过互联网，亲友可以随时联络，这也是低碳社交的重要内容。

君子之交，理应如此。此风低碳，可长。

久相違
春風面
可隨時
網上見
志峰

第二部分 经文解说

寄贺卡，拜新年。

费字纸，耗金钱。

发电邮，图文茂。

南北极，刹那到。

红白事，均应素。

人送礼，应简朴。

寄贺卡拜年曾经流行，但是今天已经不宜。贺卡不再简洁便宜，有违初义。商家逐利的点子层出不穷，几元钱的贺卡赚不了几个钱。于是，各种豪华贺卡应运而生，什么烫金的、植绒的、浮雕的，什么贵卖什么。短信祝福、电子贺卡日益流行，发一条短信，只需一两角钱。甚至只需几分钱就能完成一个祝福一个传情，多快捷。

电子贺卡除了拥有短信的优点外，还可带上很强的个人色彩，体现个人的喜好、品位与创意，这是纸质贺卡无法具备的优势。既然有比纸质的贺卡更方便、更省钱、更新鲜、更节能的祝贺方式，我们何必还浪费金钱、浪费纸张？

此言使用电子邮件快捷、环保、节约。佛教经典《仁王经》中提到："一弹指六十刹那，一刹那九百生灭。"关于刹那的长度，佛经中有多种解释：①一弹指顷有六十刹那；②一念中有九十刹那，一刹那又有九百生灭；③刹那是算数譬喻所不能表达的短暂时间。传入我国后，口语中具体长度逐渐淡化，仅用来说明短暂时间，犹"一瞬间"。

在市场经济条件下，红白事送礼日益贵重，中国人特有的虚荣心也加剧了送礼经济的压力。我们要消除"送礼经济"悖论现象的主要途径是：加大宣传，倡导节约文明的礼品消费新风尚；规范礼品生产行业；家庭应合理理财，量力而行。

第九章【金领贵，绿领潮】

—— 低碳工作

今立业，需低碳。

愿无穷，景无限。

低碳创业是指尽量减少能源消耗的创业方式，以创造更多的财富、价值。

今立業
志無低碳
願無窮
景無限

商如战，贵竞争。
唯低碳，可横行。

商场如战场，竞争剧烈。但是低碳产业更有市场前景与竞争力。横行：犹言纵横驰骋。原指在征战中所向无敌。《吴子·治兵》："宁劳於人，慎无劳马，常令有馀，备敌覆战。能明此者，横行天下。"《史记·季布栾布列传》："上将军樊哙曰：'臣愿得十万众，横行匈奴中。'"高适《燕歌行》："汉家烟尘在东北，汉将辞家破残贼。男儿本自重横行，天子非常赐颜色。"杜甫《房兵曹胡马》诗："骁腾有如此，万里可横行。"

碳资产，乘风发。

善管理，先得月。

碳信息，占先机。

善运用，必披靡。

　　碳资产是指具有价值属性的碳的排放权和减排量额度（信用），现已成为一种稀缺资源。经确认减排量(CERs)逐渐普及成为可接受的商品形态，撬动了和环境有关的资本通过CERs在各种公共、私人部门和个体之间流动。

　　碳资产是《联合国气候框架公约》和《联合国气候框架公约京都议定书》的逻辑结果。这种逐渐稀缺的资产在《联合国气候框架公约京都议定书》规定的发达国家与发展中国家共同但有区别的责任前提下，出现了流动的可能。这也是"低碳经济"概念首提出后，迅速为各发达国家所热捧的重要原因。西方国家通过市场制度的设置，利用资本市场来优化碳资产配置。欧盟于2005年1月起开始碳排放交易制度。目前碳资产的价格已经

破瓊轉矮乘風後差言
瓊失習月 □筆

随行就市，每年呈上涨趋势；其支付方式是外汇现金交割，"货到付款"、外汇现金结算。除此之外，它还有其他的独到含义，比如：买方信用评级极高，它既对股东有利，同时对融资（贷方）有利。而且这将大大提升项目企业的公共形象，获得无形的社会附加值。

与碳资产相关的概念是碳管理，即管理企业碳排放，涉及碳标准、碳核算、碳审计、碳交易、低碳解决方案和碳披露等众多相关环节。

生命周期是指某一产品（或服务）从取得原材料，经生产、使用直至废弃的整个过程，即从摇篮到坟墓的过程。生命周期评估（Life Cycle Assessment，简称LCA），是一项自20世纪60年代即开始发展的重要环境管理工具。按ISO 14040的定义，生命周期评估是用于评估与某一产品（或服务）相关的环境因素和潜在影响的方法，它是通过编制某一系统相关投入与产出的存量记录，评估与这些投入、产出有关的潜在环境影响，根据生命周期评估研究的目标解释存量记录和环境影响的分析结果来进行的。

在低碳时代，工业品应该符合环保和低碳的要求。目前，西方国家普遍采用生命周期法对工业品的碳足迹进行评估。以一辆汽车为例，它所有的碳排放量，包括从汽车的制造开始（包括制造汽车所用的金属、塑料、玻璃和其他材料），到车的使用，最后到车的最终报废处置全过程的排放。

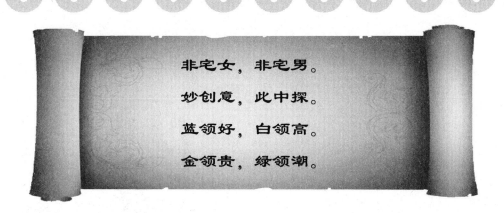

非宅女，非宅男。

妙创意，此中探。

蓝领好，白领高。

金领贵，绿领潮。

　　"宅男宅女"是新兴的网络语言，指"痴迷于某事物，或依赖电脑与网络，足不出户，或厌恶上班或上学"的新新人类。

　　"在家办公"是20世纪80—90年代期间美国流行的一种生活方式，如今北京等地已有专门的sohu一族生活区。避开喧嚣的办公室生活，把重要的工作带回私人的生活空间，以高效率的工作节奏，实现着几倍于"朝九晚五"的工作成果。

　　"绿领"有两种定义：一种指"有一些事业，但不放弃生活；有一些金钱，但不被金钱统治；追求品位生活，但不附庸风雅和装腔作势；接近自然，但不远离社会离群索居；享乐人生，也对那些不幸的人心存同情和救助之心；在品味自己生活的同时，还不忘走出去看一

妙創 非之妙
搽竿章 非之妙男

看这广阔的世界。"的一群人中国正处于高速发展的阶段，个人被卷入高速运转的社会机器中，饱受疲惫与焦虑的煎熬，在内心深处渴求对自然和绿色的回归。于是在一些大城市，一支年轻的新锐部队异军突起——这就是"绿领"一族。如果说传统的白领、灰领、金领是以经济实力与社会地位划分，那么"绿领"则更倾向于一种内在的品质特征：热爱生活，崇尚健康时尚，酷爱户外运动，支持公益事业，善待自己的同时也善待环境。另一种是指从事环境卫生、环境保护、农业科研、护林绿化等行业的人员。

潮人一般指引领时尚的，富有个性，思想超前的人。潮流的外表一般很时尚新颖，内在很注重内涵和创新。

第十章 【亿万人，同低碳】

—— 低碳文化

碳足迹，求诸己。

低碳荣，高碳耻。

碳足迹（Carbon Footprint）的思想与生态足迹（Ecological Footprint）有一定的类似性。20世纪90年代初，加拿大学者Willian E.Rees提出生态足迹，用于定量测定"生态占用"，也即现今人类为了维持自身生存而利用自然的量来评估人类对生态系统的影响。它可以形象地被理解成一只负载着人类和人类所创造的城市、工厂、铁路、农田……的巨脚踏在地球上留下的脚印大小。它的值越高，人类对生态的破坏就越严重。生态足迹的应用意义在于，通过生态足迹需求与自然生态系统的承载力(亦称生态足迹供给)进行比较即可以定量地判断某一国家或地区目前可持续发展的状态，以便对未来人类生存和社会经济发展做出科学的规划和建议。

碳足迹，可被视为"碳耗用量"，是一种新开发的，用于测量机构或个人因每日消耗能源而产生的二氧化碳排放对环境影响的指标。一个人的碳足迹可以分为第一碳足迹和第二碳足迹。第一碳足迹是因使用化石能源而直接排放的二氧化碳，比如坐飞机出行的人会有较多的第一碳足迹，因为飞机飞行会消耗大量燃油，排出大量二氧化碳。第二碳足迹是因使用各种产品而间接排放的二氧化碳，比如消费一瓶普通的瓶装水，会因它的生产和运输过程中产生的排放而带来第二碳足迹。

有学者提出计算碳足迹的基本公式：家居用电的二氧化碳排放量（Kg）＝耗电度数×0.785×可再生能源电力修正系数；开车的二氧化碳排放量（Kg）＝油耗公升数×0.785；乘坐飞机的二氧化碳排放量（Kg）：短途旅行（200千米以内）＝千米数×0.275×该飞机的单位客舱人均碳排放；中途旅行（200～1000千米）＝55+0.105×（千米数－200）；长途旅行（1000千米以上）＝千米数×0.139。英国最大的零售商特斯科超市宣布，超市内商品将贴上显示"碳足迹"的标签，告诉消费者，生产、加工、运输这些商品产生的二氧化碳总量。

企业和个人通过确定自己的"碳足迹"，了解"碳排量"，进而去控制和约束个人和企业的行为，以达到减少碳排量的目的。比如，如果你用了100度电，那等于你排放了大约78.5千克二氧化碳，需要种一棵树来抵消；如果你自驾车消耗了100公升汽油，大约排放了270千克二氧化碳，需要种三棵树来抵消。

播绿色，种福田。

慎开发，虑周延。

惜万物，爱自然。

筹大业，创新篇。

　　儒家认为，圣人是完全消除了"物""我"界限的人，"物""我"是一体的，《中庸》中说："唯天下至诚，为能尽其性。能尽其性，则能尽人之性。能尽人之性，则能尽物之性。能尽物之性，则可以赞天地之化育。可以赞天地之化育，则可以与天地参矣。"

　　这种观念是一种极为前沿的生态伦理。儒家把人格平等观，推而广之，扩展到所有生命乃至一切事物。传统中国人爱物惜物，倡导节俭的生活观。对天地自然、万事万物尊重，所以传统中国人不把自然看做可供掠夺的资源，早有爱物惜物的生态意识。

播緣危
種福田
悅聞發
上愿同進
志筆

易之卦，原有节。
古文明，新连结。

节卦是《易经》六十四卦的第六十卦。水泽节（节卦）万物有节，是上上卦。这个卦是异卦（下兑上坎）相叠。兑为泽，坎为水。泽有水而流有限，多必溢于泽外。因此要有节度，故称节。节卦与涣卦相反，互为综卦，交相使用。天地有节度才能常新，国家有节度才能安稳，个人有节度才能完美。《周易》节卦除了具有节度的核心概念，还具有在日常生活中特别是财用上应该节俭的意思。

亿万人，同低碳。

碳中和，道不远。

碳中和（carbonneutral），也叫碳补偿（Carbon Offset），是现代人为减缓全球变暖所作的努力之一。它最初由环保人士倡导的一项概念，逐渐获得越来越多民众支持，并且成为一些地区绿化的实际行动。它的含义是，你日常活动可能制造的二氧化碳排放量，通过植树等方法来中和抵消，以达到环保的目的。

目前越来越多的普通大众在生活中"碳中和"。在许多有识之士那里，"碳中和"已成为自发行动。2006年，《新牛津美国字典》将"碳中和"评为当年年度词汇，见证了日益盛行的环保文化如何"绿化"人类语言。2003年，美国电影演员迪卡普里奥就付钱在墨西哥植树，用于抵消他制造的二氧化碳。迪卡普里奥因此宣称自己是美国第一个碳中和公民。2005年，好莱坞影片《辛瑞那》成为第一部碳中和影片。美国前副总统戈尔2006年执导纪录片《难以忽视的真相》时也计入了碳中

易之卦
原有六爻
乾之明
彰是
诚信

第二部分 经文解说

和成本。英国已兴建首个"碳中和"生态村。

2008年12月，国家林业局气候办设计注册中国绿色碳基金碳补偿标识，它是中国绿色碳基金捐资人实践低碳生活的一种证明。获得这个标识表明捐资人消除了个人排放的部分或全部二氧化碳。如果公众愿意加入"消除碳足迹，参与碳补偿，积极应对气候变化"活动，自愿捐资到中国绿色碳基金进行"植树造林吸收二氧化碳"的活动，就可获得碳补偿标识。

爱低碳，乐生活。

蔚成风，称大国。

低碳路，中国造。

化人文，行大道。

敬天地，降人才。

精诚至，金石开。

　　低碳世界是一个大同的理想。在低碳时代，世界各国的全球政治共识是，要将大气CO_2浓度控制在某个适当的水平之内，这项世界级难题需要全世界每一个政府和每一个人的智慧、责任感与实际行动。

　　开放改革以来，中国经济节节攀升，令世人刮目相看。一个经济大国正在崛起。与此同时，中国的二氧化碳排放总量已升到第一位。用低碳文明的方式，去满足经济社会发展的需要，是中国全面崛起、立于世界之林的重要维度。热爱低碳生活，控制二氧化碳的排放量，是中国每位公民的责任，也是中国实现低碳发展的基石之一。只要我们坚持，我们的目标一定会达到。

低碳路中國造化
人文行大道

觀乎人文必化成天下
伏羲戴像

跋

——人人有本低碳经

　　《低碳三字经》缘起于中共广东省委宣传部和广州市科学技术协会的动议。几经往复推敲，现已终于完成，把卷吟味，感触良多。

（一）

　　2003年，笔者创建中山大学地球环境与地球资源研究中心。从成立之日起，我们就把应对全球气候变化，改善人类居住的地球环境列为其重点究方向。本研究中心定位为主要依托中山大学地球科学、环境科学、地理科学及人口、资源与环境经济学博（硕）士点的学术研究力量，以地球环境与地球资源领域为核心的跨学科研究中心和思想库，科学与人文并重，学术与实务双管齐下。中心研究主线为：地球环境与地球资源——居住安全与生态健康——区域发展与可持续发展。中心凭借跨学科优势，一方面承担重大自然科学与社会问题专题研究，同时为社会发展和政府科学决策提供信息与思想服务。中心目前是中国可持续发展研究会理事单位、国家可持续发展实验室区专家委员会专家单位、粤港清洁生产领域战略合作单位、广东省清洁生产和循环技术依托单位以及广州城市可持续发展研究会挂靠单位。

在笔者的经历中，有几件事记忆特别深刻。

1992年，笔者的导师、时任中国科学院地球科学部主任涂光炽院士联合苏纪兰、张宗祜、孙枢等多名院士提出开展"海平面上升对我国沿海地区经济发展影响及对策"的院士咨询调研建议，中国科学院地球科学部随即组织了院士咨询团，开展了对经济较发达的沿海地区，特别是我国三个三角洲响应全球变暖海平面上升问题进行科学考察，向沿海各省有部门发出了预警研究信号。1993年春，由中国科学院地学部11位院士和8位专家组成的考察组，专程来广东考察珠江三角洲地区的海平面上升问题。1993年5月，中国科学院广州分院、广东省科学院组织了中国科学院广州地球化学研究所、中国科学院南海海洋研究所、广州地理研究所、中山大学等单位开展了"海平面上升对广东沿海经济发展的影响及对策"专题研究。

2005年元旦过后，笔者踏上前往澳洲航班。在漫长的旅程中，飞机上长篇播放美国大片《The Day after Tomorrow》，影片的震撼力令笔者至今仍为之感动不已。

影片的切入点是古气候学家杰克发现并预测温室效应引起的持续全球变暖，将使北极积雪迅速融化。而地球为了自我调节直至回归平衡，会使地球进入冰河期。作为冰河期的使者，暴风雨拉着龙卷风的手首先拜访了洛杉矶。同时，狂雪掩覆印度新德里、冰雹重创日本东京，而纽约将在短短一天之内从炎热急速降为酷寒，海水在瞬间上涨，冲天巨浪狂涌进纽约市，自由女神像被淹没，万巷瞬息沉没在汪洋之中，万吨巨轮竟被冲进市区。寒冷的气流在天空形成了一颗"眼"，"眼"所到之处，瞬间气温骤降，浩瀚汪洋中的纽约城又变成冰封世界，人们甚至来不及换个姿势就被冰冻住，茫茫冰原上，只留下自由女神的头像，象征着人类文明城市大半也永埋入冰雪中。人类和人类所创造的世界在大自然面前竟然显得如此渺小。

2007年夏，笔者参加LEAD-China培训班。班上特意请来芝加哥气候期货交易所(Chicago Climate Exchange)执行副总裁Paula DiPerna女士介绍CCX成立的背景、使命和经营方式。她非常自豪地介绍，芝加哥气候交易所成立于2003年，是全球第一个具有法律约束力、基于国际规则的温室气体排放登记、减排和交易平台。它试图借用市场机制来解决温室效应这一日益严重的社会难题。随着国际社会对气候变化的关注和重视，对温室气体减排的呼声将越来越高，对交易的需求也会随之增加。

2009年，江门市委托笔者带领中山大学专家组编制《江门市发展低碳城市战略规划》（2010—2020年），全方位探索低碳城市发展之路。通过专家评审的《江门市发展低碳城市战略规划》（2010—2020年）明确提出了江门发展低碳城市的指导思想：抓住低碳经济发展的机遇，以理念创新为先导，以低碳产品、低碳技术、建筑节能、工业节能和循环经济、资源回收、环保设备和节能材料为支撑，以制度创新为保障，以转变发展方式、确立"低能耗、低排放、低污染、追求绿色GDP"的低碳产业发展模式为主要过程，以降低二氧化碳排放为目标，以"壮大低碳产业，严格低碳管理，推进低碳生活方式"为基本发展思路，贯彻"调结构、降能耗、优能源、促循环、增碳汇"的低碳产业发展路线图，以低碳文明的方式满足江门市经济社会发展的需要，探索一条经济以低碳产业为主导、市民以低碳生活为行为特征、社会以低碳社会为建设蓝图，以"环境与经济"双赢为特色的低碳发展道路，努力在低碳产业、低碳建筑、低碳环境、低碳生活等重点领域取得重大成果，对全球温室气体减排做出显著贡献。

2010年暑期，中共广州市委分六期就"转变经济发展方式建设国家中心城市"专题轮训所有在岗局级干部，笔者应邀为每期学员讲授了"低碳经济发展"专题报告，内容包括全球气候变化问题的科学共识与政治化、低碳经济引发的经济革命与广州的选择等内容。学员包括广州各区、县级市四套领导班子成员、法检两长，市直机关、事业单位副局级以上干部和市属企业党委书记、董事长、总经理（金融机构领导班子成员）。课间，他们提出许多有深度的问题跟笔者热烈互动。

（二）

多年对地球环境、全球变化及低碳经济议题的关注和思考，使笔者深深认识到，全球气候变化已经跨越了自然科学问题，演变成为全球可持续发展问题和政治问题。低碳时代已是不可逆转。作为一个世界级可持续发展难题，气候变化需要全世界每一个政府和每一个人的智慧、责任感与实际行动，需要各国以各种方式进行有效的合作，需要能源科学与技术的革新与革命，需要国际、国内管理理念和体制的改造与创新，需要每一个人的生活理念与生活方式的破旧立新，而且需要人类持续不断的努力。

低碳经济作为一种新的发展理念，是对化石燃料发展模式终结。低碳经济已开始对各国经济结构，投资和生产生活产生重要影响。在深入实践科学发展观、建设生态文明的背景下，中国承诺减排份额、发展低碳经济。低碳经济正在成为中国经济转型的支柱，引导未来走向。

低碳经济是一个以低碳为核心的技术体系、经济体系、价值体系和文化体系，它以低碳文明的方式满足江门市经济社会发展的需要。低碳生活和低碳产业是最重要的可为全球温室气体减排做出显著贡献的领域。

（三）

正因为有上述经历和认识，当中共广东省委宣传部和广州市科学技术学会给笔者一个富有创意的任务，设计《低碳三字经》方案时，笔者深知其意义所在，于是欣然接受挑战。这是本书的缘起。

此书在笔者个人的学术研究课题中别具一格，可以说是科学与人文交融的一次尝试。同许许多多中国人一样，笔者年幼时学习过《三字经》，并深为它所折服。《三字经》至今仍是重要的蒙学读本，是学习中国传统文化的入门书。《三字经》的成功之道在于思想与文采俱佳。这种认识给笔者巨大的压力。

本书在写作过程中，力求挖掘中华民族传统文化的精神财富，充分反映低碳文化、低碳价值观；尽量包括人类个体和公众生活的主要方面，重点包括日常生活、工作和社会交往，尽量贴近实际、贴近生活，以更好地服务、指导个体和公众生活的行为，唤起社会上每一个人对低碳生活的热情。

笔者在创作《低碳三字经》过程中，得到诸多部门和个人的鼎力支持。

中共广东省委宣传部蒋斌副部长、理论处丁晋清副处长多次出面协调咨询会。参与咨询的学者、专家有广东省社会科学院副院长李新家、人口所长赵细康，中国科学院广州地球化学研究所研究员匡耀球、广东省委党校教授危旭芳、粤海风杂志社总编辑徐南铁、广州大学管理学院教授黄洁华、广东省交通厅谢瑾、番禺区书法家学会李式经先生等。

广州市科学技术协会全民科学素质行动计划力邀笔者参与低碳主题宣讲，冯元书记和杨晓副主席对笔者主创此书给予热情鼓励与支持。此外，此书还得到广东省高校学科建设重大攻关项目《广东发展低碳经济研究（粤财教【2010】275号-42）》（周永章承担）、中国可持续发展研究会、广州博士科技创新研究会、广州城市可持续发展研究会、广东省政协人口资源环境专委会、九三学社广东省委不同方式的支持。

此书曾于2011年第一次出版，并得到读者良好反应。此次第二版得到广东省低碳产业技术协会副秘书长李丹女士和广东经济出版社高文彪先生的鼎力支持。目的在于更好地让读者理解低碳文化理念，让更多人加入到低碳潮流中来。

　　在此，笔者深表谢意！